咚咚咚，
敲响化学的门

U0171182

无处不在的化学变化

[韩国] 金姬贞 著

[韩国] 曹经圭 绘 石安琪 译

译林出版社

吃进肚子里的食物，

全都堆在胃里，会怎么样呢？

我的肚子应该就会像气球一样，越胀越大。

爸爸吃得更多，他说不定会变得和大象一样大。

吃完饭，我们的肚子会鼓起来，
但是，一段时间之后，鼓鼓的肚子又会瘪下去。
这是因为，食物在我们的肚子里慢慢地被消化了，
变成了非常非常微小的营养成分。

庆祝入：

熊津幼儿园

在我们身边，很多东西都在不断地变化。

我们长大以后，就不能回到小时候了。

很多变化一旦发生，就变不回去了。

当某个东西在变化中产生了新物质时，

我们就把这样的变化称为"化学变化"。

化学变化，

在我们的身边随处可见。

在微风的吹拂下，绿色的树叶轻轻晃动着。

阳光给树叶带来养分。

树叶沐浴在阳光下，吸收二氧化碳，

接收到树根吸收的水分。

当二氧化碳和水相遇时，它们就会变、变、变，

变成养分啦！

公园里的枫树，有红色的叶子，也有绿色的叶子。

秋天来了，叶子里的绿色色素越来越少，

银杏叶会剩下黄色色素。

变，变，变！银杏叶就变黄啦！

枫叶会剩下红色色素。

变，变，变！枫叶就变红啦！

11

噼里啪啦，变，变，变！

把木块和树叶放在火上烧，

过一会儿，就散发出呛人的烟，它们也被烧成了灰。

火，能让任何东西发生变化。

火，让食物变得更美味。

把食物放在火上烤熟，可以使食物产生新口感，变得更好吃。

把生鸡蛋啪的一声磕开，蛋液就会流淌出来。把流动的蛋白和蛋黄放在滚烫的平底锅里煎熟，它们就会凝固成一个美味的煎蛋。

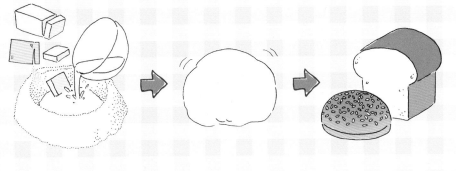

把酵母、水和黄油加进面粉，充分搅拌，变成面团，但这还不是真正的面包。我们得把这个面团烘烤一下，它才能变成散发着香气的面包。

软乎乎的生肉饼有一股腥味，并不好吃。但是，如果把肉饼放在炭火上烤熟，它们就会变得结实弹牙，美味多汁啦！

滋啦，滋啦！变，变，变！
火，把食物变得更加美味。

咕嘟，咕嘟！变，变，变！

微生物也会让食物发生变化。

不过，微生物和火不一样，

它们引起的变化都比较缓慢。

要给它们充分的时间，耐心地等待。

利用微生物制作的发酵食物

发酵是一种化学反应，在一定条件下，有益微生物慢慢地相互作用，产生对人类健康有益的物质。人类不断地积累经验，利用发酵技术制作了各种食物。

酸黄瓜

把黄瓜用水清洗干净，放进罐里，倒入白醋和水，加入白糖、盐和胡椒颗粒。微生物完成发酵后，生黄瓜就会变成酸甜可口的酸黄瓜啦！

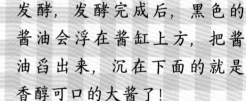

大酱

大酱是黄豆变来的。首先，把黄豆蒸熟，做成豆酱饼。然后把豆酱饼浸泡在盐水中发酵，发酵完成后，黑色的酱油会浮在酱缸上方，把酱油舀出来，沉在下面的就是香醇可口的大酱了！

泡菜

将白菜用盐腌渍，加入各种酱料，充分搅拌。静置几天，等白菜发酵完成，它们就会变成酸辣下饭的泡菜。

酸奶、奶酪

在鲜牛奶中加入发酵菌，过一个晚上，牛奶就会变成酸奶。奶酪也是牛奶发酵后的产物。

啊，果子都烂掉了！

水果烂掉，会散发出难闻的味道。

说起来，水果腐烂也是由微生物引起的变化呢。

不过，和发酵的食物不一样，

腐烂的食物是不能吃的哦。

苹果酸甜清脆，它也可以变，变，变！

苹果削皮之后，只要在空气中放一会儿，

原本白色的果肉就会变成褐色的。

这是因为苹果含有一种叫多酚的物质，

这种物质一旦和空气相遇，就会发生化学变化，使果肉变色。

噗噗噗，变，变，变！

稀释的双氧水会变成白色泡沫。

和伤口中的细菌相遇后，它也会发生化学变化。

双氧水会变成泡沫，是因为它正在给我们的伤口消毒呢！

利用化学变化，我们可以制造出许多东西。

虽然塑料瓶、塑料袋和吸管的形状各异，用途也不同，

但它们都是用石油制成的。

用石油制成的化学产品

在经历了多种化学变化后，石油可以合成橡胶、合成纤维、肥料、颜料等许多化学产品。

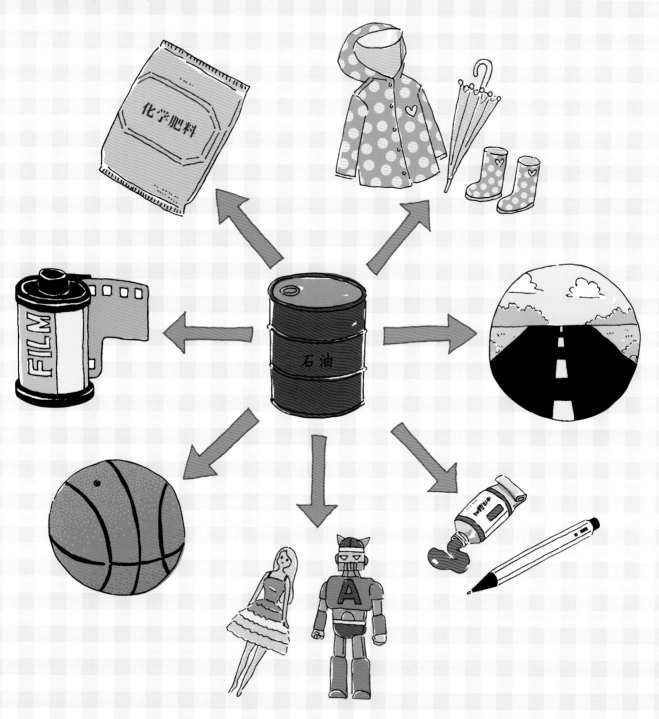

洗洗刷刷，变，变，变！

用肥皂洗澡，能把身体洗得很干净。

肥皂遇到水，会变成泡沫。

泡沫能吸附脏脏的污垢，

也可以很轻松地被水冲走。

噌，噌，噌！小朋友们也在不断地变化呢。

头发会变长，指甲会变长，个头也会慢慢变得高大。

酶，在我们的身体中不断作用，引起化学变化。

无论是身体发育、食物消化，还是运动健身，

都需要化学变化发生。

2012.3.6
201?
2009.
2009.1
2008.8.7
2008.4.1
2008.1.5

在我们的身边，很多东西都在发生变化。

其中，很多的变化都是化学变化。

所以说，化学真是一门"身边的科学"呢！

化学实验，动手试试看！

用一些身边随处可见的材料就可以做简单有趣的化学小实验。来，让我们一起动手做实验，观察其中的化学变化吧！

制作魔法气球

试试看，做一个不用吹气就能自己胀大的魔法气球吧！

准备材料：气球、小苏打、白醋、小口瓶。

① 先将气球吹起来一次，再进行试验，效果更好。

② 在小口瓶中倒入少许白醋（四分之一瓶左右），在气球里倒入一茶匙小苏打。

③ 将气球套在小口瓶瓶口。在瓶口处用皮筋或绳子扎紧，防止气球胀大后从瓶口脱落。

④ 气球在瓶口上套好后，苏打粉会掉落进白醋中，两者结合会产生气泡，气体进入气球，气球自然就会慢慢变大啦！

与生活息息相关的化学

　　大家都知道，很多为人类文明的进步和发展做出重大贡献的科学家们都获得了诺贝尔奖。诺贝尔奖一共涉及六个领域，其中一个就是化学。我们熟知的居里夫人，就是因为发现和研究放射性物质而获得诺贝尔化学奖。由于化学和我们的生活有着重要的联系，而且这种联系越来越紧密，联合国将 2011 年命名为"国际化学年"。对我们来说，化学是一门非常重要的学科，它和我们的距离并不遥远。

　　我最初学习化学的时候，觉得它很无聊。化学元素符号很难记，化学公式也非常复杂。但是，我后来参加了兴趣班，动手做了化学实验，发现化学真的很有趣。在洗衣液中倒入双氧水，就会涌出一堆又一堆的白色泡沫。在装满了水和硅酸钠的透明杯子中倒入金属粉末，就能看到粉末在杯子中变得像水草一样摇曳生长的奇异景象。看到自己调制的神秘溶液变成红色、蓝色、黄色，或是透明，我会感觉自己像魔术师一样，非常兴奋。随着对化学的了解逐渐深入，我意识到，我们的生活里其实充满了化学。

　　化学不只存在于各种神奇的实验中。把食材变成美味佳肴，是化学；把食物消化，将它们转化成体内养分，也是化学。甚至，我们长身体也是化学。作为一门研究物质的性质和变化的学科，化学和我们的生活紧密相连、息息相关。

大家都知道绿色的枫叶到了深秋就会变成红色吧？也都在吃烤肉的时候，心急地等待过粉嫩的生肉变成褐色的熟肉吧？其实这些都是大家和化学的邂逅呢！

研究化学、运用化学，会为我们的生活提供各方面的便利。因为化学，我们才能加工石油，制造出各种各样的塑料产品。因为化学，我们才能研发出更多新药，治病救人。甚至，我们每天洗手、洗澡的时候使用的肥皂，它的存在也要归功于化学。除此之外，化学还存在于我们生活中的各个角落，源源不断地为我们提供便利。大家也一起来学化学、研究化学，共同创造一个更加美好的未来吧！

——作者　金姬贞

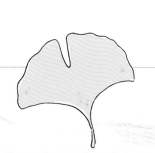

图书在版编目（CIP）数据

咚咚咚，敲响化学的门. 无处不在的化学变化 /
（韩）金姬贞著；（韩）曹经圭绘 ；石安琪译.—南京：
译林出版社，2022.4
ISBN 978-7-5447-8987-5

Ⅰ.①咚… Ⅱ.①金… ②曹… ③石… Ⅲ.①化学 –
少儿读物 Ⅳ.①O6-49

中国版本图书馆 CIP 数据核字（2021）第 263075 号

有趣的酸碱性（구리구리 똥은 염기성이야?）
Text © Seong Hye-suk Illustration © Baek Jeong-seok

无处不在的化学变化（부글부글 시큼시큼 변했다, 변했어!）
Text © Kim Hee-jeong Illustration © Cho Kyung-kyu

神奇的混合物（뿡뿡 방귀도 혼합물이야!）
Text © Yi Jeong-mo Illustration © Kim I-jo

我们身边的固体、液体、气体（단단하고 흐르고 날아다니고）
Text © Seong Hye-suk Illustration © Hong Ki-han

微小世界的原子朋友们（더더더 작게 쪼개면 원자）
Text © Kwag Young-jik Illustration © Lee Kyung-seok

著作权合同登记号 图字：10-2019-577 号

无处不在的化学变化 ［韩国]金姬贞 / 著 ［韩国]曹经圭 / 绘 石安琪 / 译

审 校 周 静
责任编辑 王 维
装帧设计 胡 苨
校 对 孙玉兰
排 版 陆 莹
责任印制 颜 亮

原文出版 Woongjin Think Big，2012
出版发行 译林出版社
地 址 南京市湖南路 1 号 A 楼
邮 箱 yilin@yilin.com
网 址 www.yilin.com
市场热线 025-86633278
印 刷 新世纪联盟印务有限公司
开 本 880 毫米 ×1230 毫米 1/16
印 张 11.25
版 次 2022 年 4 月第 1 版
印 次 2022 年 4 月第 1 次印刷
书 号 ISBN 978-7-5447-8987-5
定 价 125.00 元（全五册）